我要去太空 中国航天科学漫画

准备！成为航天员

懂懂鸭 著/绘

童趣出版有限公司编　人民邮电出版社出版

北　京

图书在版编目（ＣＩＰ）数据

准备！成为航天员 / 懂懂鸭著、绘 ；童趣出版有限
公司编. -- 北京 ：人民邮电出版社，2023.3
（我要去太空. 中国航天科学漫画）
ISBN 978-7-115-61061-4

Ⅰ．①准… Ⅱ．①懂… ②童… Ⅲ．①航天员－少儿
读物 Ⅳ.①V527-49

中国国家版本馆CIP数据核字(2023)第016164号

著 / 绘：懂懂鸭
责任编辑：刘佳娣
责任印制：李晓敏
封面设计：韩木华
排版制作：北京胜杰文化发展有限公司

编　　　：童趣出版有限公司
出　　版：人民邮电出版社
地　　址：北京市丰台区成寿寺路 11 号邮电出版大厦 （100164）
网　　址：www.childrenfun.com.cn

读者热线：010-81054177
经销电话：010-81054120

印　　刷：北京宝隆世纪印刷有限公司
开　　本：710×1000 1/16
印　　张：2.75
字　　数：40 千字
版　　次：2023 年 3 月第 1 版　2023 年 3 月第 1 次印刷
书　　号：ISBN 978-7-115-61061-4
定　　价：20.00 元

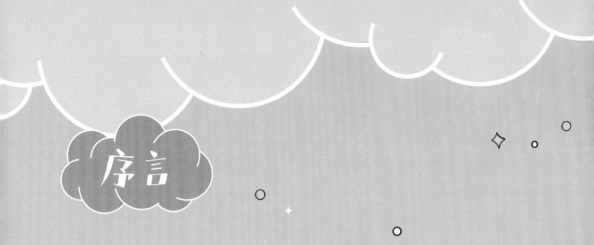

序言

我国航天产业的多个工程被列为"科技前沿领域攻关项目",如火星和小行星探测工程、新一代重型运载火箭和重复使用航天运输系统、探月工程等。2021 年我国航天发射次数达 55 次,位居世界第一。2022 年我国空间站"T"字基本构型组装完成。"天和"升空、"天问"奔火、"羲和"探日……太空探索越来越热闹。

"我要去太空 中国航天科学漫画"(全 8 册)讲解了目前航天领域最热门的前沿技术,用孩子们喜欢的画风和平实的语言科普关于航天员、火箭、载人飞船、空间站、人造卫星、探月工程、火星探测、深空探测的航天知识,让孩子们对航天科技感兴趣,感受航天科技给未来生活带来的无限可能,激发孩子们对宇宙的探索欲望。

本套书不会直述枯燥、难懂的概念和定理,而是将它们以简洁易懂的语言表述出来。比如,书中将玉兔号的核热源形容为日常生活中常见的"暖宝宝",用简洁、

形象的图像解读测月雷达的工作原理等。这样的例子贯穿全书，让孩子们可以轻松理解高深的知识。

本套书以孩子们的视角介绍前沿的航天科技，而不是站在高处自说自话；将专业术语通过对比、比喻以及场景化的表达方式结合精准的画面（简笔画画风）表述出来，让孩子们读起来没有压力，同时又很有代入感。比如，书中称玉兔号的行进速度就跟地球上堵车时汽车缓慢前进的速度差不多。

本套书内容聚焦最新的中国航天科技，正文内容串联起了 200 多组航天相关知识问答，加上附赠的"课本里的航天科技""中国航天大事记"，旨在帮助孩子们延伸学习，汲取更多相关学科知识。

全国空间探测技术首席科学传播专家

附赠

课本里的航天科技
中国航天大事记

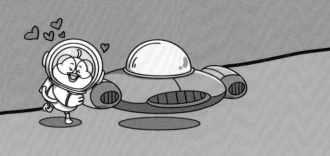

目录

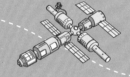

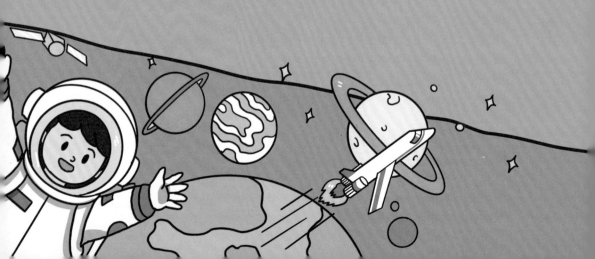

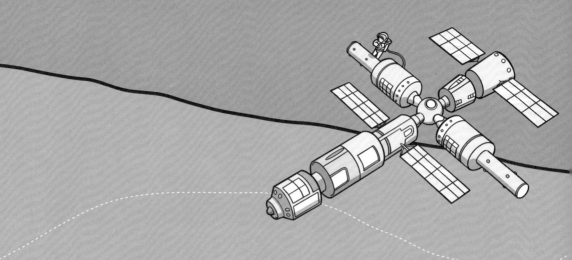

亲爱的_____小朋友：

　　你好！

　　我是懂懂鸭，将会和你一起学习和探索航天知识。

　　希望这本书能让你了解到更多的航天知识，感受航天科技给未来生活带来的无限可能。还在等什么？快来跟我一起开启阅读之旅吧！

你的朋友：懂懂鸭

地球生病了

看，这颗蓝色星球就是我们的家园——地球。

我是懂懂鸭，有什么不懂的可以问我呀！你知道我们为什么要探索宇宙吗？这要从我们的家园讲起。

地球表面 70% 是海洋，30% 是陆地。

海洋和河川分别为我们提供海洋资源和淡水资源。

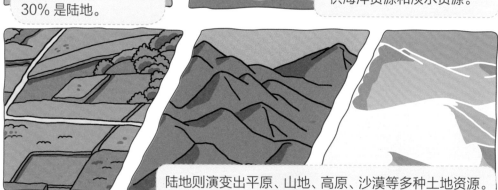

陆地则演变出平原、山地、高原、沙漠等多种土地资源。

海洋和陆地各自形成独特的生态系统，孕育出不同的植物和动物，让地球充满了生机。

然而，随着气候变化和人类的频繁活动，地球出现了一系列问题。

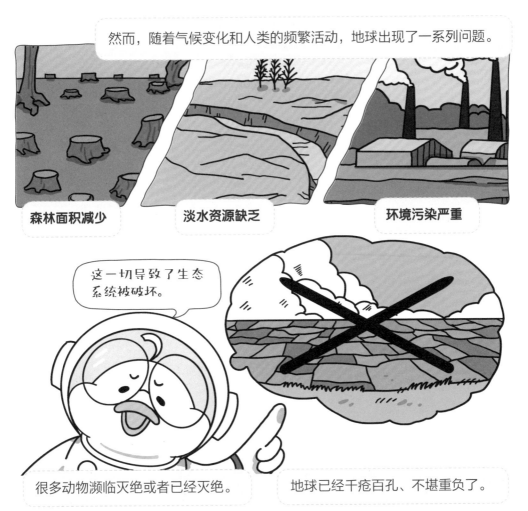

森林面积减少

淡水资源缺乏

环境污染严重

这一切导致了生态系统被破坏。

很多动物濒临灭绝或者已经灭绝。

地球已经千疮百孔、不堪重负了。

新疆虎

白犀牛

朱鹮

为了减轻地球的负担，为了获得更多的资源，我们把目光投向了遥远的宇宙深处。

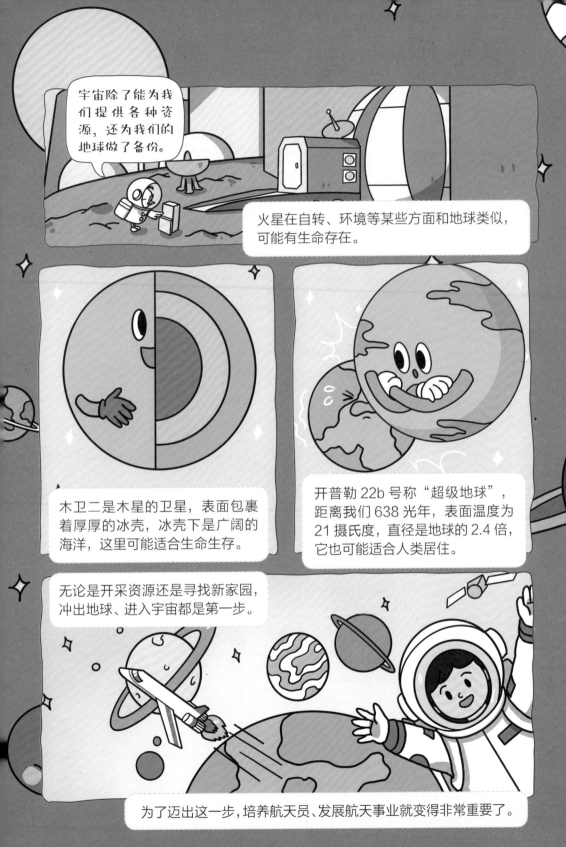

宇宙除了能为我们提供各种资源，还为我们的地球做了备份。

火星在自转、环境等某些方面和地球类似，可能有生命存在。

木卫二是木星的卫星，表面包裹着厚厚的冰壳，冰壳下是广阔的海洋，这里可能适合生命生存。

开普勒 22b 号称"超级地球"，距离我们 638 光年，表面温度为 21 摄氏度，直径是地球的 2.4 倍，它也可能适合人类居住。

无论是开采资源还是寻找新家园，冲出地球、进入宇宙都是第一步。

为了迈出这一步，培养航天员、发展航天事业就变得非常重要了。

快来认识航天员,

"航天"一词是"两弹一星功勋"奖章获得者钱学森首创的。

很荣幸见到你!

探索宇宙可不是普通人能做的,到底谁能胜任这项艰巨的任务呢? 当然是经过专业训练的飞天英雄——航天员!

航天员能进入太空是多领域协作的结果,也是国家实力雄厚的象征。

| 通信领域 | 计算机领域 | 火箭研究领域 | 航天器制造领域 |

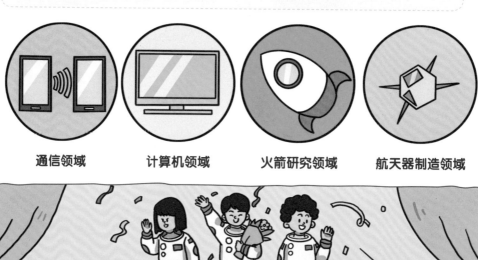

目前,世界上只有 3 个国家能独立把自己的航天员送入太空,中国就是其中之一。

航天员在太空执行任务时可不是什么都做的，他们有着明确的分工。

分工一：航天驾驶员

他们是从空军飞行员里选拔出来的，主要负责驾驶航天器，维护和控制各类仪器，保证飞行安全。

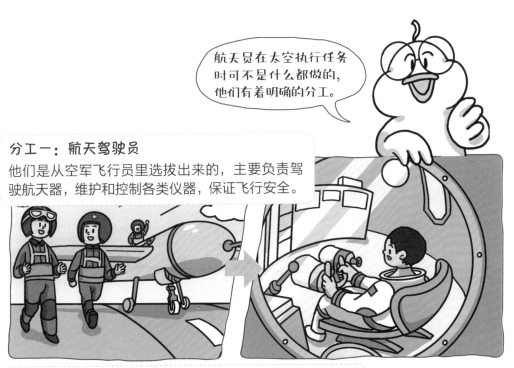

分工二：航天飞行工程师

他们大多是航天工程师，负责出舱活动，维修和组装航天器。

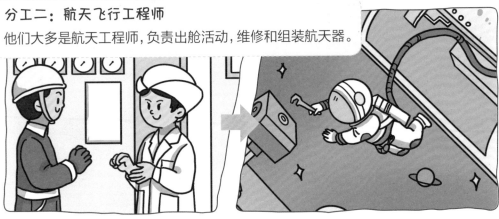

分工三：载荷专家

他们是各个领域的科学家，主要负责在太空里进行各种复杂的科学实验。

从飞行员到航天员

那怎样才能成为一名航天员呢？成为航天员要符合哪些要求呢？

首先，你必须是空军飞行员，飞行时长必须超过 600 小时，并且年龄为 25~35 岁，近年来年龄限制有所放宽。

其次，你的身体要符合选拔标准：身高控制在 1.6~1.72 米；体重要在 55~70 千克；最近 3 年的体检中，身体等级均为甲等，保证身体健康。

再次，你还要有强大的心理素质。

进入密闭环境后，不能害怕和紧张，面对缺氧和压力变化时，要保持大脑清醒。

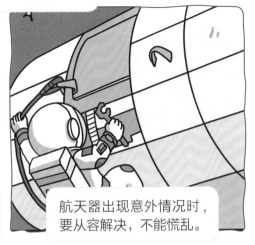

航天器出现意外情况时，要从容解决，不能慌乱。

最后，你要通过航天员的定选环节。

考察团会到你家里走访调查，你的直系亲属不能有遗传病史。

如果你符合以上要求，恭喜你成为预备航天员，你已经成功进入航天员大家庭了。

9

当然不是啦！预备航天员需要先在初级训练营进行适应性训练。

成为预备航天员后是不是马上就能开飞船呢？

适应火箭升空时的环境

火箭点火升空时，你会感觉驾驶舱在剧烈震动，好像有人在使劲儿推你。

这股推力相当于 8 个人的重量压在身上，这就是超重。

离心机和万向床高速旋转，可以模拟火箭升空时的超重环境，提高你对超重的承受力。

火箭飞行中，虽然有安全带的保护，你仍然会觉得身体在剧烈晃动。你会感觉头晕目眩，甚至想吐，就好像在游乐园坐海盗船一样。

转椅和转轮训练能提升你对眩晕的抵抗力，确保你在遇到剧烈震动时也能正常操作飞船。

适应火箭的失重环境

太空是失重的环境，也就是说你在太空中完全感觉不到重量。当你进入太空后，你会感觉身体轻飘飘的。

你甚至无法控制身体的平衡，连走路都很费劲儿。

于是科学家设计了 10 米深的巨大水槽。

利用水的浮力，模拟太空的失重环境。

因此，你需要每天坚持锻炼身体 2 小时左右，以提升身体的协调能力。

适应太空的缺氧、低压环境

太空里没有氧气，为应对缺氧问题，你必须接受缺氧训练。你会被带到 5000 米的高空，这里空气稀薄，可以模拟太空的缺氧环境。

海拔为 5000 米的山峰

经过不断训练，你对缺氧的耐受力会高于普通人。

同时为了应对太空的低压环境，科学家还设计了大圆筒形状的低压舱。

你进入低压舱后，既要接受低压训练，还要不受打扰地操作各种仪器。

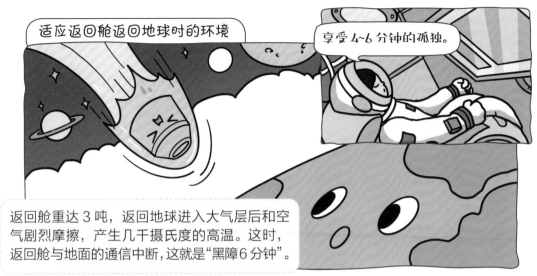

适应返回舱返回地球时的环境

享受4~6分钟的孤独。

返回舱重达3吨，返回地球进入大气层后和空气剧烈摩擦，产生几千摄氏度的高温。这时，返回舱与地面的通信中断，这就是"黑障6分钟"。

为了提高心理素质，你需要接受"隔绝训练"。训练时，你独自待在密闭环境下3~7天，不仅要对抗孤独，还要完成繁杂的工作。

经过了"黑障6分钟"，你还要面临返回舱着陆时产生的巨大冲击力。

如果你坚持完成以上适应性训练，恭喜你，你已经能适应太空环境了。

为此，科学家设计了4层楼高的铁塔。

训练时，你坐在训练舱内，飞速下坠，然后猛地减速停住，以此来模拟返回舱着陆时的冲击力，提升你的抗冲击能力。

航天员高级训练营

完成了适应性训练，接下来就要为开飞船做准备了。

要想真正驾驶飞船，你需要接受 3~5 年的系统性学习。你首先要学习火箭和飞船的设计原理，弄清它们是怎么飞行的。

然后需要学习天文学，了解天体和宇宙。

你需要掌握气象学、空气动力学、通信理论以及航天医学等方面的知识。

以上这些仅仅是基础理论的学习，接下来的专业训练更复杂！

进入专业训练阶段后，首先要学习的是航天器的内部构造，包括各个系统的组成及工作原理。

你甚至需要掌握单个部件的拆装和修理。

随后，你就可以进入模拟舱"开"飞船啦。

你需要在模拟舱内进行训练，掌握航天器的各种操作方法。每一项训练都要重复上千次，这样才能保证你进入真正的飞船后能准确无误地操作。

进行以上训练是为了你能顺利进入太空，但返回时怎么办呢？

这就需要你跟着搜救部队，在沙漠和戈壁进行地面搜救练习。

你还要去大海上进行水面搜救练习。

航天员的搭档

执行复杂的太空任务时，一个人的能力有限，这时你就需要搭档的配合。

多名航天员组成一个小组执行任务，这个小组就叫航天员乘组（以下简称"乘组"）。乘组一般包含一名指令长和若干名协助员。

指令长可以理解为"船长"，协助员则是辅助指令长完成任务的。

乘组成员需要接受严格的训练，最重要的是培养团队协作能力。

而且，训练是不间断的，在进入火箭执行任务前，乘组依然在训练。

执行过任务的航天员进入乘组执行新任务前，也要参加训练。训练前，乘组要对其在上一次任务中的表现进行考核打分。

与此同时，乘组成员也要接受常规性的训练，目的是让有经验的航天员保持高水准。

有了完美的搭档，进入太空后，你就能更好地完成任务啦。

快，穿航天服喽！

看，这是舱内航天服，穿上它，准备升空吧！

舱内航天服又叫压力服，是航天员在航天器发射、在轨道上运行和返回地球时穿的服装。

通信工具
航天服的"嘴巴和耳朵"，保证航天员与外部顺畅通话。

航天头盔
保证航天员的头部安全。

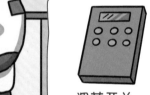

调节开关
可以看成空调遥控器，用于调节航天服内的温度和湿度。

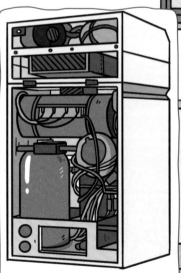

呼吸循环设备
航天服的"肺"，用于提供氧气，排出二氧化碳。

压力表
可以实时监测航天服内的气压。

如果航天员离开飞船，执行舱外任务，要换上舱外航天服。中国自行研制的"飞天"舱外航天服能保证航天员在舱外持续活动8小时。

头盔
安装着摄像头和照明灯，全程记录出舱活动。

电控台
9个开关可以控制照明、压力等。

气液组合插座
航天服的"加油口"，为航天服补充氧气。

强力安全绳
能承受一辆小汽车的重量，是航天员的安全纽带。

头盔的面窗
由特殊材料制成，拥有"金刚罩"的能力，能抵挡外部撞击、高温和辐射。

便携式环境控制与生命保障系统
不仅给航天员提供氧气，还能收集尿液和汗液，并进行净化处理。

整套航天服重达120千克。

航天员的重要装备

航天器返回地球时，其着陆点一般在沙漠和戈壁。航天员需要携带救生装备，保证落地后的安全。

除了航天服，别忘了带上这些重要装备啊!

卫星电话和定位仪
可以让搜救人员及时找到你。

防风火柴
可以生火取暖，驱赶野兽。

指北针
用来辨别方位。

生存刀
用来自卫和处理食材。

防尘太阳镜
可以遮挡风沙和阳光。

基本的救生装备包括食物、饮用水、食盐、自卫手枪等。

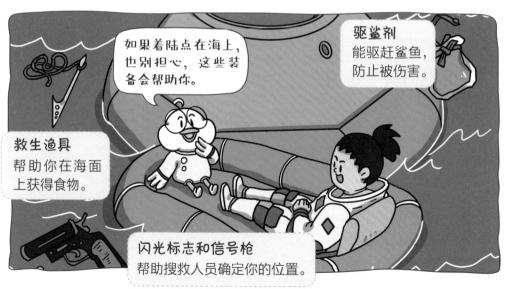

如果着陆点在海上，也别担心，这些装备会帮助你。

驱鲨剂
能驱赶鲨鱼，防止被伤害。

救生渔具
帮助你在海面上获得食物。

闪光标志和信号枪
帮助搜救人员确定你的位置。

如果你在飞行中或者降落时受伤了，切忌慌乱。

这时应该保持镇定，拿出救生医疗包，开始自救。这里以骨折为例进行说明。

用医疗剪刀剪开衣物。

用消毒药水清理伤口。

用消炎药消菌杀毒，预防伤口感染。

用绷带固定手臂。

用骨折固定板固定骨折部位。

用止血带捆扎伤口止血。

如果着陆点附近蚊虫肆虐，记得使用驱蚊剂。

太空食物进化史

20 世纪 60 年代后期，航天员的菜单上出现了干燥食物——吃之前需要加水软化，味道还算可以。

20 世纪 60 年代，人类刚刚探索太空时，太空食物像一管牙膏，而且都是糊状的，吃的时候要像挤牙膏一样挤进嘴里。当时的航天员就给了它差评——难吃。

20 世纪 70 年代，太空罐头横空出世，好评如潮。它不仅丰富了太空食物的种类，而且味道也更接近正常食物。

2003 年，神舟五号携带了很多种太空食物。不过，杨利伟吃的大多是可以一口吞的小点心。

为了防止食物掉渣，科研人员研发出"一口吞"食物。这种小巧的压缩食物便于航天员一口吞一个，十分方便。

2005年，神舟六号携带了40多种太空食物。难得的是，飞船内配备了食物加热器，航天员能吃上热腾腾的食物了。

到了2008年神舟七号进入太空时，航天员第一次带上了调料包。据说，航天员用调料包"烹饪"的宫保鸡丁，味道还不错呢。

这些都是我喜欢吃的。

无论航天员来自哪里，有什么特殊的口味偏好，都能得到照顾和满足。

2021年神舟十三号上，航天员有了个性化定制的食物。

如今，太空食物种类丰富多样，超过120种，涵盖主食、副食、即食、饮品、调味品和功能食品六大类。

空间站内甚至还有小型的太空厨房，配置了冷藏及饮水设备、微波炉等。航天员再也不用担心吃不好的问题了。

去航天员的卧室看看

航天员不仅要吃好，还要休息好。这就是航天员的休息区，有三室一卫哦。

卧室2

卧室3

卧室1

卫生区

休息区保持在20摄氏度左右的最佳温度。

舷窗
卧室的观景区，可以供航天员观赏太空景色。

睡眠灯
可调节光照，让航天员睡得美美的。

通风窗
让空气保持流通，避免航天员缺氧。

这里简直太舒适啦，能让航天员每天都有充足的睡眠，保持身心健康。

睡袋
横卧的睡袋让航天员就像在自家的床上睡觉一样。

每个卧室有3立方米，是相当宽敞的单人间。卧室进行了隔音处理，安静的环境能保证航天员得到充足的休息。

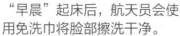
"早晨"起床后，航天员会使用免洗巾将脸部擦洗干净。

擦擦脸，开启全新的一天！

航天员的牙膏是可食用的，刷完牙直接吃掉，避免泡沫飘散。

航天员洗头要使用特殊的浴帽，将其套在头上揉搓几下，然后换一顶新的再揉搓几下，头发就洗好啦！干净又方便！

不过洗澡是个大问题。由于失重，水不会覆盖身体，而是到处乱飘。航天员只能在"包裹式淋浴间"擦拭身体，保持清洁。

如果想上卫生间，怎么办呢？我国科学家专门设计了两款马桶，供男女区别使用。它们都具有功能强大的气流循环系统，能将排泄物吸走，并回收进行循环净化。同时女性专用马桶还能分离尿液和血液并进行回收。

洗漱完毕，航天员准备上班啦！

嘀！航天员打卡上班啦

空间站每 90 分钟绕地球一圈，航天员一天内要经历 16 次日出日落。

不过，航天员可不能一天睡 16 次，他们像在地球上一样，每天也要工作 8 小时。

每天上班第一件事，就是检查空间站的空气和水是否正常，以及温度和湿度是否正常。

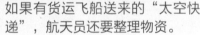

如果有货运飞船送来的"太空快递"，航天员还要整理物资。

航天员每天还要检查设备和仪器。

确认空间站一切正常之后，航天员要向地面指挥中心汇报前一天的工作。

航天员以自己为实验对象，使用各种仪器对身体机能进行检测。这些实验数据能帮助科研人员掌握人体在空间站的变化，不断完善空间站的环境，让其更适合航天员居住。

空间站的微重力环境能让植物种子产生特殊的变化，所以航天员要在空间站进行育种试验，以得到更多优良的作物。

航天员要经常调试医学冷藏箱，确保医学试验正常进行。

有时，航天员也会在空间站内做新材料合成试验。

航天员还要肩负起"太空教师"的责任。

你们好！

太空"冰雪"实验　　液桥演示实验

泡腾片实验　　水油分离实验

通过有趣的太空实验，航天员为地球上的小朋友们展示了各种新奇的太空现象。

除了在空间站内工作,航天员也要出舱,到空间站外进行太空行走。

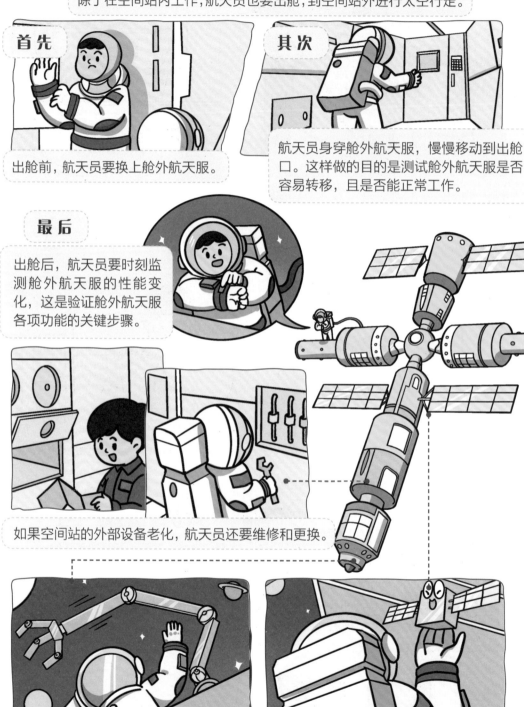

首先

出舱前,航天员要换上舱外航天服。

其次

航天员身穿舱外航天服,慢慢移动到出舱口。这样做的目的是测试舱外航天服是否容易转移,且是否能正常工作。

最后

出舱后,航天员要时刻监测舱外航天服的性能变化,这是验证舱外航天服各项功能的关键步骤。

如果空间站的外部设备老化,航天员还要维修和更换。

此外,航天员还要测试舱外机械臂,方便日后飞船和物资的转运工作。

除了这些验证工作,航天员有时还会在舱外释放微型人造卫星。

丰富的业余生活

太空环境下，人体肌肉容易萎缩，体内矿物质流失严重，所以航天员下班后最重要的就是锻炼，保持肌肉力量。

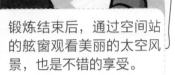

锻炼结束后，通过空间站的舷窗观看美丽的太空风景，也是不错的享受。

空间站内安装了Wi-Fi网络。

航天员可以上网、收发邮件。

航天员也可以和家人进行"天地通话"。

总之，航天员的业余活动还是很丰富的。

此外，航天员还可以看书、看电影、下棋、练习书法，甚至抽空打上一套太空太极拳。

危机重重的太空

空间站不是绝对安全的，有时也会出现故障。

空间站内有大量电子仪器，操作不当容易引发火灾。

空间站里的水和空气都是生命保障系统制造的。如果系统出现故障，航天员就会失去水和空气。

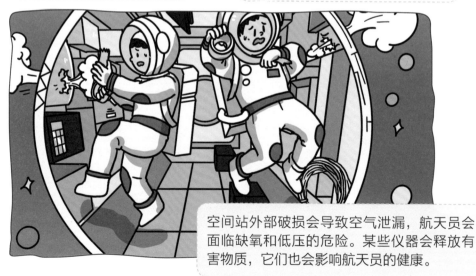

空间站外部破损会导致空气泄漏，航天员会面临缺氧和低压的危险。某些仪器会释放有害物质，它们也会影响航天员的健康。

航天员在出舱过程中，需要和地面指挥中心协同合作，严格按照指令行动。

一旦航天员操作失误，不仅影响空间站运行，还可能引发生命危险。

我被困住了，快来救我。

航天员通过机械臂在空间站表面移动时，如果机械臂失灵，可能被困在机械臂上。

有时，航天员在空间站的表面依靠双手移动。

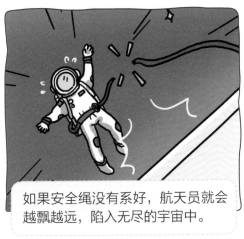

如果安全绳没有系好，航天员就会越飘越远，陷入无尽的宇宙中。

小心太空"杀手"！

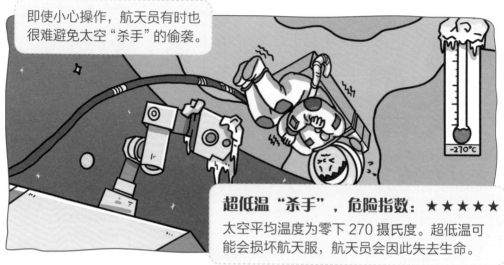

即使小心操作，航天员有时也很难避免太空"杀手"的偷袭。

-270℃

超低温"杀手"，危险指数：★★★★★

太空平均温度为零下 270 摄氏度。超低温可能会损坏航天服，航天员会因此失去生命。

高能射线"杀手"，危险指数：★★★

太空中有很多高能射线，它们可以杀死任何生命。

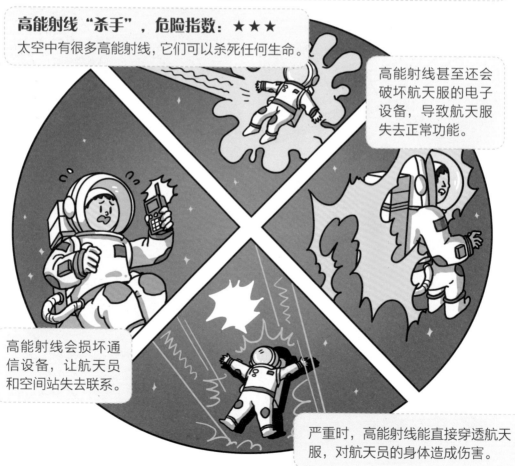

高能射线甚至还会破坏航天服的电子设备，导致航天服失去正常功能。

高能射线会损坏通信设备，让航天员和空间站失去联系。

严重时，高能射线能直接穿透航天服，对航天员的身体造成伤害。

小行星和太空垃圾"杀手"，危险指数：★★★★★

一旦它们撞击航天器，轻则导致航天器内的空气泄漏，重则使航天器直接炸毁。

如果航天员出舱时被它们击中，可能会瞬间失去生命。

太空细菌"杀手"，危险指数：★★★★

由于太空环境和地球环境千差万别，受强辐射的细菌可能发生变异，而且航天员经过长期飞行，免疫力降低，更容易被它们感染。

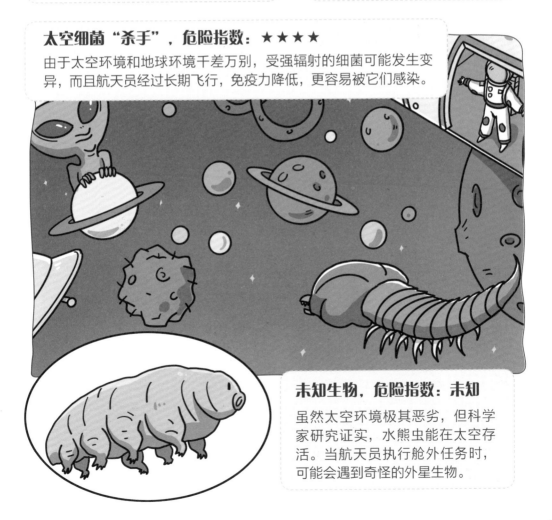

未知生物，危险指数：未知

虽然太空环境极其恶劣，但科学家研究证实，水熊虫能在太空存活。当航天员执行舱外任务时，可能会遇到奇怪的外星生物。

未来的无限可能

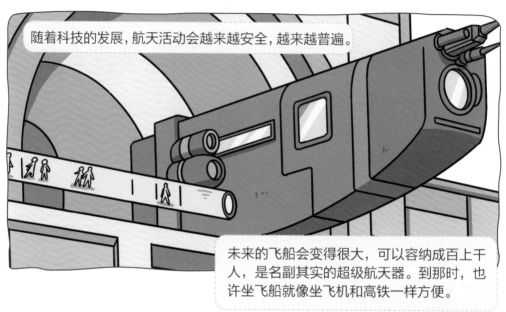

随着科技的发展，航天活动会越来越安全，越来越普遍。

未来的飞船会变得很大，可以容纳成百上千人，是名副其实的超级航天器。到那时，也许坐飞船就像坐飞机和高铁一样方便。

空间站甚至可能变成飘浮在地球周围的空中城市。

到那时，可能会出现星际飞船，让星际探索成为现实。

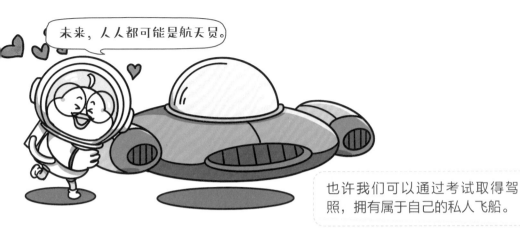

未来，人人都可能是航天员。

也许我们可以通过考试取得驾照，拥有属于自己的私人飞船。

我们驾驶自己的飞船，到太空城市参观旅游。

这里拥有各种娱乐场所，如电影院、游乐场……

如果你觉得在地球玩儿腻了，还可以去火星、木星甚至冥王星。

甚至可以到太阳系之外，领略宇宙的神秘。

航天事业的发展是很多代人不懈努力的结果，只要我们不懈探索，这一切都是有可能发生的！

走，让我们见识一下中国航天史上那些伟大的航天员的风采吧。

中国航天员风云榜

2003 年

我国首位飞天的航天员是杨利伟，他驾驶神舟五号完成了我国首次载人飞行。

2005 年

费俊龙和聂海胜组成我国首个航天员乘组，搭乘神舟六号顺利执行多人多天的航天任务。

2021 年

聂海胜、刘伯明和汤洪波搭乘神舟十二号升空，成为第一批入驻中国空间站的航天员。

2016 年

景海鹏和陈冬搭乘神舟十一号升空，入驻中国空间实验室，并完成多项实验。

2021 年

翟志刚、叶光富和王亚平搭乘神舟十三号升空。王亚平成功出舱，成为我国首位进行太空行走的女性航天员，并且完成了第二次太空授课。

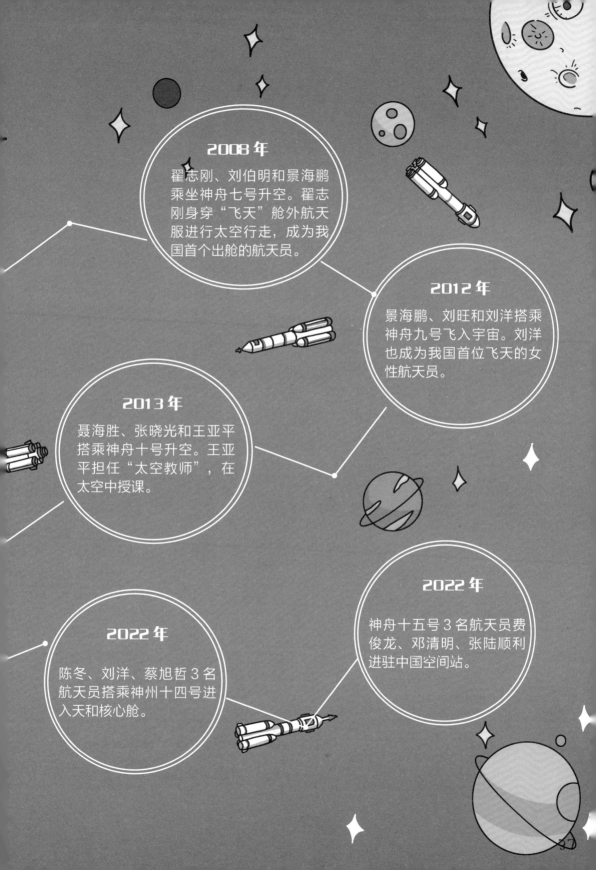

2008 年

翟志刚、刘伯明和景海鹏乘坐神舟七号升空。翟志刚身穿"飞天"舱外航天服进行太空行走，成为我国首个出舱的航天员。

2012 年

景海鹏、刘旺和刘洋搭乘神舟九号飞入宇宙。刘洋也成为我国首位飞天的女性航天员。

2013 年

聂海胜、张晓光和王亚平搭乘神舟十号升空。王亚平担任"太空教师"，在太空中授课。

2022 年

陈冬、刘洋、蔡旭哲 3 名航天员搭乘神州十四号进入天和核心舱。

2022 年

神舟十五号 3 名航天员费俊龙、邓清明、张陆顺利进驻中国空间站。

我要去太空 中国航天科学漫画

专家推荐

全国空间探测技术首席科学传播专家　**庞之浩**

嫦娥五号探测器系统副总设计师　**彭　兢**

长征五号运载火箭副总设计师　**黄　兵**

中国科学院空间应用工程与技术中心　**汉鹏武**

ISBN 978-7-115-61061-4

9 787115 610614 >

20220096B

童学小课堂
300+故事免费听

定价：20.00元